BEI GRIN MACHT SICH IHR WISSEN BEZAHLT

- Wir veröffentlichen Ihre Hausarbeit, Bachelor- und Masterarbeit

- Ihr eigenes eBook und Buch - weltweit in allen wichtigen Shops

- Verdienen Sie an jedem Verkauf

Jetzt bei www.GRIN.com hochladen und kostenlos publizieren

Nachhaltigkeit in der Immobilienwirtschaft. Rechtslage zu Nachhaltigkeit und Green Buildings

Tobias Schweiger

Bibliografische Information der Deutschen Nationalbibliothek:

Die Deutsche Nationalbibliothek verzeichnet diese Publikation in der Deutschen Nationalbibliografie; detaillierte bibliografische Daten sind im Internet über http://dnb.d-nb.de abrufbar.

ISBN: 9783346850584
Dieses Buch ist auch als E-Book erhältlich.

Fakultät für Betriebswirtschaft

Wintersemester 2022

Studienarbeit

Kurs: Projektmodul I

Nachhaltigkeit in der Immobilienwirtschaft

vorgelegt von

Tobias Schweiger

5. Semester

Tag der Einreichung: 24.12.2022

Inhaltsverzeichnis

Abbildungsverzeichnis

1. Immobilienwirtschaft als Energiefresser

„Die Immobilienwirtschaft ist da, wo das Leben stattfindet."[1] Hier werden mit über einem Drittel aller Ressourcen die meisten Energien verschwendet. Unsere Gebäude werden zwar für über 100 Jahre des Bestehens ausgelegt, jedoch werden diese häufig renoviert und wenn die folgenden Generationen in neuen Wänden leben möchten, werden Gebäude wieder eingerissen und neu gebaut. Für Prognosen um die 10 Milliarden Menschen in der Zukunft, welche auf der Erde Leben werden, muss eine große Menge an Platz her. Jetzt schon ist der Flächenfraß enorm und da jeder gerne in einem Haus, welches am besten im grünen steht und viel Platz um sich herum hat, wohnen würde, wird dies immer mehr zu einer Herausforderung. Hinzu kommt noch die Infrastruktur, welche ebenfalls immer mit eingeplant werden muss und auch eine Menge Platz in Anspruch nimmt. Dabei spielt nicht nur der Bau eine Rolle, sondern natürlich auch der Unterhalt der Gebäude. Wir wollen diese Heizen, mit Strom versorgen und auch Wasser hindurchfließen lassen. Zudem kommt die immer höher werdende Lebensqualität durch Forschung und Entwicklung. Dadurch soll zwar eigentlich oft nachhaltig und ressourcenschonend gehandelt werden, jedoch kommt es durch den sogenannten Bumerangeffekt häufig zu einer noch größeren Umweltbelastung, da durch den wachsenden Wohlstand noch größer gebaut und verschwenderischer gelebt wird.

Neue Ansätze im Energiebereich und nachhaltiges Bauen können hier erste Lösungen sein. Langfristig betrachtet stellt es trotzdem eine große Herausforderung dar, da die wachsende Weltbevölkerung und auch das Aufholen vieler großer Schwellenländer zu einer immer größeren Belastung wird. Eine realistische Perspektive für Nachhaltigkeit gibt es nur, wenn die zwei Bereiche der Technik, Materialien und Design sowie die politischen Strukturen verfolgt werden. Daher ist zusammenfassend die Nachhaltigkeit in der Welt auch nur durch Nachhaltigkeit im Bausektor zu erreichen. Die gewaltigen Energie- und Ressourcen Aufwendungen im Bau und der Unterhalt von Gebäuden machen einen so großen Anteil aus, dass eine Verbesserung hier viel bewirken könnte und es auch heute schon tut. Hier ergeben sich also die größten Potentiale, um mit erneuerbaren Energien und Bauweisen anzusetzen, um dem Klima zu helfen.[2]

---

[1] Bauer et al., 2011, S. 24.
[2] Vgl. Bauer et al., 2011, S. 11 ff.

Bis hin zu einem nachhaltigen Gebäude gibt es also viele Schritte zu beachten und viele Faktoren müssen miteinbezogen werden. Nicht nur neue Energieansätze und Baumaßnahmen, sondern auch ökonomische und ökologische Kriterien müssen betrachtet werden. Hier spielen vor allem Green Buildings und auch Nachhaltigkeits-Zertifikate eine große Rolle. Der Weg zu einem solchen Zertifikat über verschiedene Green Building Labels sind ein bedeutender Faktor, wenn man letztendlich nachhaltig bauen will. Diese Studienarbeit beschäftigt sich mit der nachhaltigen Bauweise von heutigen Gebäuden. Dabei werden die genannten Punkte miteinbezogen und erläutert, was alles mit nachhaltiger Bauweise zusammenhängt und beachtet werden muss.

1.1 Energieverbrauch von Immobilien

Zur Nachhaltigkeit in der Immobilienwirtschaft gehört natürlich nicht nur die Bauweise inklusive der Größe der Gebäude oder wie viel Fläche sie dabei einnehmen, sondern auch der Verbrauch pro Gebäude. Gerade jetzt spielt der Verbrauch bei den steigenden Preisen eine immer größere Rolle und da Gebäude beheizt werden müssen sowie Strom verbrauchen, muss hier auf jeden Fall auf nachhaltige Nutzung gesetzt werden.

Wie bereits erwähnt, spielt die Nachhaltigkeit in der Immobilienwirtschaft eine große Rolle. Ein Drittel des deutschen CO_2 Ausstoßes wird durch Gebäude verursacht. Und obwohl in diesem Bereich der Verbrauch so hoch ist, spielt der Trend auch im Immobilienbereich auf das Klima und so auf die Nachhaltigkeit zu achten, eine nicht besonders große Rolle. Beim Trendbarometer von EY gibt dieser der Aufmerksamkeit zu diesem Thema im Jahr 2020 gerade einmal 63 Prozent. Bereits am Anfang der Bauphase wird hier beim Energieverbrauch nicht genug darauf geachtet, eine gute Ökobilanz zu erzielen. Baustoffe wie Zement, aber auch Beton und Stahl sind hier für enorm hohe CO_2 Emissionen verantwortlich. Gebäude, die durch nachhaltigere Baustoffe gebaut wurden, gibt es dennoch und bekommen auch ein dementsprechendes Zertifikat. Dieses wird durch verschiedene Organisationen vergeben und wird im späteren Verlauf der Arbeit näher erklärt. Wie bereits erwähnt ist aber auch der Unterhalt von Gebäuden sehr hoch. Schlechte Isolierung oder verschwenderische Heizung, vor allem auch mit fossilen Brennstoffen, haben eine schlechte Umweltbilanz. Die nachhaltige Bewirtschaftung spielt somit bei Bestandsgebäuden eine wesentliche Rolle, um Energie einzusparen. Entscheidend ist am

Ende, wie viel Wärme und Energie ein Gebäude verbraucht und wie man durch Sanierung oder direkt beim Neubau hier auf Nachhaltigkeit setzen kann.[3]

Um nun Energie einzusparen, muss erst einmal betrachtet werden, wo dies geschehen kann. Unterscheiden muss man hierbei zwischen bestehenden Gebäuden und Neubauten. Hierbei liegt das größere Potenzial Energie einzusparen bei den bestehenden Gebäuden, da diese meist bis zu drei Mal mehr Energie benötigen als neu gebaute Gebäude. Hier wird außerdem bis zu 85 Prozent der gesamten Energie für das Heizen von Räumen und Wasser verwendet. Wie kann an der Stelle also eingespart werden? Durch Sanierung kann vor allem in drei Bereichen energiesparend umgebaut werden. Dazu zählen die Heizungs-anlagen, die Beleuchtung und die Wärmedämmung. Durch fachgerechte energetische Sa-nierung lassen sich bis zu 20 Prozent einsparen. Das hauptsächliche Problem hierbei ist, dass nicht immer das gesamte Potential ausgenutzt wird, was in der Zukunft vermutlich immer stärker im Vordergrund stehen wird. Denn durch die momentanen Einsparungs-maßnahmen in der Welt und durch die steigenden Preise, lohnt sich jeder Liter und jede Kilowattstunde Strom, welche eingespart werden kann.

Durch die energetische Sanierung können zudem bis zu 75 Prozent der Kosten gesenkt werden, was so auch kostentechnisch dem Verbraucher am Ende hilft. Wichtig ist hier immer zuvor durchzurechnen bis zu welcher Kostenhöhe sich der Umbau lohnt, da solche Sanierungen auch schnell teuer werden können. Im Bereich der Heizungsanlagen, wird vor allem auf das Alter geachtet. Nach einer bestimmten Zeit sollte jeder seine Anlage erneuern. Neue Anlagen können Energieverluste minimieren und auch Kosten einsparen. Außerdem heizen diese wesentlich effizienter und bilden so ein Muss in der Sanierung. Durch die Energieeinsparverordnung wird zudem festgelegt, wie viel ein Gebäude ver-brauchen darf und sollte so auch bei der Erneuerung beachtet werden. Der zweite bereits genannte Faktor ist die Beleuchtung. Zwischen 8 und 12 Prozent macht die Beleuchtung an den Stromkosten aus und kann so auch durch effizientere Nutzung optimiert werden. Stromkosten können hier bis zu 85 Prozent gesenkt werden und weiterhin auch noch die Helligkeit optimieren. Bei Lampen wird zwischen verschiedenen Klassen unterschieden. Beispielsweise braucht ein LED-Lampe mit Klasse A++ nur 15 Prozent einer herkömm-lichen Lampe mit möglicherweise Klasse D.

---

[3] Vgl. Schweizer, 2020.

Ein weiterer großer Schritt ist die Wärmedämmung. Was bei Neubauten sowieso Pflicht ist, ist bei älteren Häusern oft katastrophal. Durch Fenster und Wände hatte man im Winter viel Wärme verloren und da die Heizung den größten Energieverbrauch darstellt, sollte hier besonders genau darauf geachtet werden. Durch die Reduzierung von Wärmebrücken kann die meiste Energieverschwendung minimiert werden. Heut gibt es bereits Häuser, welche sogar bei 0 Grad nicht heizen müssen und so nur einen geringen Teil des Wärmebedarfes eines normalen Gebäudes benötigen. Ein sogenanntes Passivhaus oder Niedrigenergiehaus, kann durch Dämmplatten mit geringer Wärmeleitfähigkeit abgedeckt werden und so einen Vollwärmeschutz garantieren. Was auch bei Neubauten verwendet wird, kann ebenfalls in der Sanierung miteingebaut werden. Materialien wie Holzfasern, Zellstoff sowie auch Steinwolle oder Glaswolle kommen hier zum Einsatz.[4]

1.2 Der Energieausweis

Was letztendlich verwendet werden muss entscheidet der Staat mithilfe des Energieausweises. Dieser definiert die energetischen Anforderungen bei Neubauten oder auch Bestandsgebäuden. Was 2004 als Energiepass eingeführt wurde und einem Feldversuch diente, ist seit EnEV 2009 Pflicht. Für die heutigen Klimaschutzziele ist dieser unvermeidbar und wird bei jedem Kauf oder Übergabe von beispielsweise einer Wohnung vorgelegt. Auch bei Verpachtung ist dieser vorzulegen und soll so eine Orientierung für alle Beteiligten bilden. Die bereits erwähnte Dämmung oder aber auch die Anlagetechnik, sowie die verwendeten Energieträger werden hier festgelegt. Durch bestimmte Faktoren können sogar Fördermittel zustande kommen oder aber auch der Verkaufspreis wirkt sich am Ende positiv aus. Die Vorgaben werden anhand eines festgelegten Referenzhauses verglichen. Dabei verbraucht ein gefördertes Gebäude nur 55 Prozent Energie im Vergleich zum Referenzhaus.[5]

Ziel sollte es sein, ein Passivhaus zu erreichen. Diese brauchen Dank ihrer Isolierung und Eigenschaften nur noch maximal 15 KWH pro Quadratmeter und benötigen daher keine konventionelle Heizung mehr.[6]

---

[4] Vgl. EnBW, 2022.
[5] Vgl. Bombös, 2022.
[6] Vgl. Thomas/Rottke, 2017, S. 486.

Natürlich unterscheiden sich hier Bestandsgebäude von Neubauten. Viele Anforderungen können bei Bestandsgebäuden nicht erfüllt werden, da diese damals schlicht nicht eingebaut wurden. Hierzu zählen vor allem die Dämmung oder die Heizung selbst. Trotzdem sind bestimmte Anforderungen zu erfüllen, wenn die Sanierung in einem gewissen Umfang abläuft und zum Beispiel die Fassade neu verputzt wird. Eine weitere Pflicht besteht darin, den Heizkessel zu erneuern, wenn dieser älter als 30 Jahre ist. Hierzu zählen auch Heizung und Warmwasserleitungen. Hinzu kommt noch die oberste Geschossdecke.

Unterschieden wird der Energieausweis zwischen einem Verbrauch und Bedarfsausweis. Wobei der erstere auf den tatsächlichen Verbrauch beruht, bestimmt der Bedarfsausweis den theoretischen Verbrauch. Zweiterer ist wichtiger im Bestimmen der Energienutzung, da so verlässlich Berechnungen für Sanierungsmaßnahmen durchgeführt werden können. Hinzu kommt noch die Information über den Primärenergiebedarf. Dieser Bedarf beschreibt die unterschiedliche Umwandlungsverluste der einzelnen Energieträger. Zusätzlich wurde mit dem GEG von 2020 auch die Angabe von Treibhausgasemissionen verpflichtend eingeführt, um aufzuzeigen welche Menge an CO2 jährlich durch Gebäude ausgestoßen wird. So kann besser klar gemacht werden, wie klimaschädlich das Gebäude wirklich ist und auch wieder zur Sanierung beitragen. Die wesentlichen Vorteile sind jedoch das Wissen beim Kauf einer Immobilie, ob diese saniert werden muss oder ob sie gegebenfalls sowieso zu viel ausstößt oder eine zu schlechte Dämmung hat, als dass man sich das Gebäude zulegen sollte. So hat der Ausweis Einfluss auf den Wert der Immobilie sowie auch auf die Qualität.[7]

2. Rechtslage zur Nachhaltigkeit

Wie bereits erwähnt sollte das Ziel sein ein Passivhaus zu erreichen. Durch dieses ist gewährleistet, dass möglichst wenig Energie verschwendet oder verbraucht wird und so weniger geheizt werden muss. Dadurch könnte man natürlich in der Immobilienwirtschaft eine langanhaltende Nachhaltigkeit erreichen und in Zukunft Energie und auch Kosten sparen. Der wichtigste Faktor, um Nachhaltigkeit bei Gebäuden zu erreichen ist am Ende der Staat. Durch das Einführen von Gesetzen aber auch nötigen Verordnungen, werden Bürger dazu verleitet energiesparender zu leben und deren Gebäude an die Situation anzupassen. So wurde bereits 1976 durch den Ölpreisschock das Energieeinsparungsgesetz

---

[7] Vgl. Bombös, 2022.

EnEG eingeführt und konnte so schrittweise den Weg bis zu den heutigen Schutzmaß-
nahmen einleiten.

2.1 Staatliche Verordnungen

Darauf basierend gibt es beispielsweise heute die Wärmeschutzverordnung WSchV oder
die Energieeinsparungsverordnung EnEV. Dadurch können bis heute durch Betrachtung
der gesamten Gebäudeanlagen, Vorgaben zum Primärenergiebedarf gemacht werden.
Aber auch Mindeststandards für Energieeffizienz oder die Einführung des Energieausweises, der wie bereits erwähnt, den Energieverbrauch des Gebäudes angibt, führen zu
Verbesserung der Nachhaltigkeit in der Immobilienwirtschaft. Durch diese gesamten
Maßnahmen stehen wir heute in vielen Fällen bereits kurz vor der Erreichung des
Passivhauses. Alles darüber hinaus kann nur durch erneuerbare Ressourcen erreicht werden oder durch Nutzung neuer Technologien bei Neubauten. Leider sind dabei meist nur
die Neubauten betroffen und Bestandsgebäude werden vernachlässigt.[8]

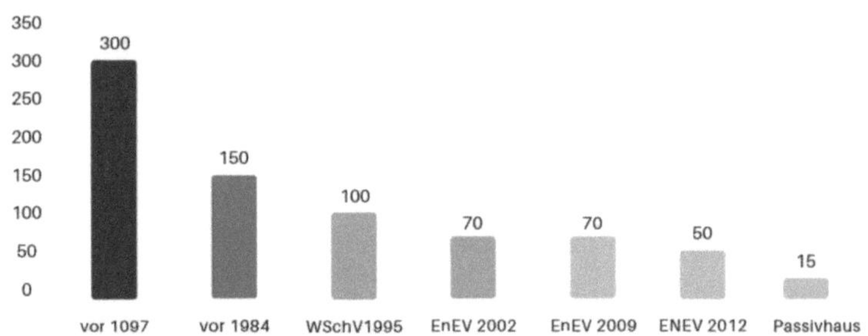

Abbildung 1: Jahresheizwärmebedarf (Schweiger, erstellt mit Canva)

Wie in der Grafik zu erkennen ist, konnte durch Verordnungen zwischen 1979 - 2012 der
spezifische Jahresheizwärmebedarf von 300 auf 35 gesenkt werden. Da ein Passivhaus
bei 15 KWH pro Quadratmeter angegeben ist, ist dies in den meisten Fällen heute bereits
erreicht. Dies gilt allerdings nur für Neubauten, wodurch Bestandsgebäude immer noch
von Sanierungen abhängig sind. Weitere Förderungen, Preise und Zuschüsse ergeben sich

---

[8] Vgl. Thomas/Rottke, 2017, S. 486 f.

durch beispielsweise staatliche Förderungen im Bereich Energieeinspeisung. Durch die Erzeugung nachhaltiger Energie in Form von Solaranlagen kann ein Energieüberschuss in das Netz eingespeist werden und so mit Preisen über dem Marktniveau gefördert werden. Aber nicht nur im Bereich heizen schreibt der Staat durch Gesetzesverordnungen vor, wie heute gebaut werden soll oder welcher Bedarf herrschen kann, sondern auch im Bereich Wasser gibt es Verordnungen und Regelungen. Durch das Wasserhaushaltsgesetz WHG in Verbindung mit der DIN 1986-30 „Entwässerungsanlagen für Gebäude und Grundstücke„wird vorgeschrieben eine Dichtigkeitsprüfung an Grundleitungen durchzuführen. Eine weitere Verordnung, die Trinkwasserverordnung TrinkwV, gibt zulässige Grenzwerte für die Belastung von Trinkwasser an.[9]

2.2 Aktuelle Rechtslage in der Energiekrise

Vor allem im Jahr 2022 spielt die Nachhaltigkeit und das Energiesparen eine größere Rolle denn je. Durch den Krieg seit Anfang des Jahres und der nachfolgenden Inflation sowie Energieknappheit im Bereich Gas führen dazu, dass die Preise nach oben gehen und weniger Energie zur Verfügung steht. Um trotzdem weiterhin heizen zu können und den Winter zu überstehen, müssen Maßnahmen getroffen werden, um die Bürger dazu zu bringen noch mehr Energie einzusparen.

So verfolgt die Bundesregierung jetzt die Politik von russischen Energielieferungen unabhängig zu werden und vor allem Gas einzusparen. Dies betrifft nicht nur Privathaushalte, sondern auch Unternehmen und die öffentliche Verwaltung. Ziel ist es vor allem den Gasverbrauch, um mindestens 15% zu verringern, aber natürlich auch um Strom einzusparen, um so die Bevölkerung zu entlasten. Zu den Energiemaßnahmen zählen unter anderem das Ausschalten der Beleuchtung von Gebäuden und Denkmälern, wenn diese nicht unbedingt vor Gefahren schützen sollen. Nur zur Aufrechterhaltung der Verkehrssicherheit wird diese weiterhin angeschaltet bleiben. Auch die Heizung soll optimiert werden, sodass Gebäudeeigentümer verpflichtet sind, Mängel festzustellen und nach Prüfung des Heizungssystems das Gebäude langfristig sparender heizen zu können. Aber auch auf Büroflächen soll weniger geheizt werden. Maximal sind jetzt nur noch 19 Grad erlaubt und bei Gemeinschaftsflächen an denen nicht dauerhaft Personen sind, darf gar nicht mehr geheizt werden. Auch das Warmwasser soll auf ein Mindestmaß gesenkt

---

[9] Vgl. Thomas/Rottke, 2017, S. 487.

werden und zum Händewaschen gar nicht mehr beheizt sein. Der wohl wichtigste Schritt ist von jetzt an eine Möglichkeit zu schaffen, Mieterinnen und Mieter bei steigenden Gaspreisen schneller zu informieren, damit diese auf steigende Preise vorbereitet sind und so mehr motiviert werden sparsamer zu heizen. Weiterhin dürfen auch öffentliche Einrichtungen nur noch eingeschränkt beheizt werden, wobei beispielsweise Schwimmbecken nicht mehr energieintensiv beheizt werden dürfen. Unterschieden werden hier kurzfristige und mittelfristige Maßnahmen, wobei die kurzfristigen zuerst bereits ab 1. September in Kraft treten und die mittelfristigen ab 1. Oktober. Neben den eben genannten kurzfristigen Maßnahmen gehören zu den mittelfristigen Maßnahmen vor allem die Optimierung der Heizung, um diese Energieeffizient umzustellen und um zu erkennen inwieweit die Maßnahmen von Rohrleitungen und Armaturen durchgeführt werden müssen.[10]

3. Green Buildings

Bis jetzt ging es hauptsächlich darüber, wie der aktuelle Stand um die Nachhaltigkeit in der Immobilienbranche ist. Dabei ging es vor allem darum, wo und wie viel Energie verbraucht wird und das letztendlich die Immobilienbranche das größte Einsparpotential hat, um nachhaltig zu werden. Jedoch geht es nicht nur darum, wie man Energie einsparen kann wie beim Sanieren, sondern auch darum, wie man bei Neubauten von vornherein Energieeffizient bauen kann, damit das Gebäude später nachhaltig ist. Nachhaltigkeit muss man erst einmal definieren. Es gibt keine bestimmte einheitliche Erklärung dafür, jedoch fasste es die UN-Kommission für Umwelt und Entwicklung im Jahr 1987 folgendermaßen zusammen.

„Die Menschheit ist einer nachhaltigen Entwicklung fähig – sie kann gewährleisten, dass die Bedürfnisse der Gegenwart befriedigt werden, ohne die Möglichkeiten künftiger Generationen zur Befriedigung eigener Bedürfnisse zu beeinträchtigen."[11]

Die Gegenwart versucht momentan alles nachhaltig zu gestalten und neben den bereits erwähnten Sparmaßnahmen, gibt es seit einiger Zeit bereits sogenannte Green Buildings, welche so nachhaltig gestaltet werden, sodass diese so gut wie klimafreundlich sind. Diese haben die besten Voraussetzungen möglichst viel CO2 Emissionen einzusparen sowie auch eine Menge Ressourcen und Energie. Hier wurde bereits beschrieben wie man Immobilien sanieren kann, damit diese nachhaltiger werden, jedoch muss man

---

[10] Vgl. Die Bundesregierung, 2022.
[11] Vornholz, 2017, S.217.

nachhaltige Immobilien von Green Buildings nochmal unterschieden. Green Buildings sind nicht nur nachhaltig, sondern reduzieren gleichzeitig die Umweltbelastung und schädliche Auswirkung auf den Menschen.[12]

Nachhaltigkeit umfasst drei Säulen. Dazu zählen die ökologische Nachhaltigkeit, die ökonomische Nachhaltigkeit und die soziale Nachhaltigkeit. Alle drei müssen beachtet werden, um Nachhaltigkeit zu garantieren. Dabei beschreibt die ökologische Nachhaltigkeit alle Ressourcen und umweltschonende Baumaßnahmen sowie einen niedrigen Energiebedarf. Die ökonomische Nachhaltigkeit beschäftigt sich mit dem gesamten Lebenszyklus eines Gebäudes und die soziale Nachhaltigkeit mit dem Nutzen und der Lebensqualität. Beim Hinblick auf den großen Anteil der Emissionen den der Immobiliensektor ausmacht, ist es sehr wichtig diese in Zukunft weiter auszubauen und darauf zu achten. Dabei können nicht nur Private Gebäude, sondern auch Bürogebäude als Green Buildings ausgezeichnet werden. Um den Status eines Greens Buildings zu erlangen, müssen viele Kriterien erfüllt werden. Die Ökologie umfasst dabei nicht nur Ressourcenschonendes Bauen mit wenig Energie und recycelten Materialien, sondern natürlich auch erneuerbare Energien, wenig Müllproduktion und Langlebigkeit. Selbstverständlich gehört dazu auch die grüne Umgebung. Die Ökonomie umfasst geringe Bau und Betriebskosten, damit die Immobilie nicht nur nach der Fertigstellung, sondern auch während des Baus nicht unnötig Energie verschwendet und so nachhaltig errichtet wird. Die soziale Nachhaltigkeit umfasst im Gegensatz zu den anderen Kriterien, mehr auf Menschen bezogene Faktoren. Wichtig hierbei sind die gute Luftqualität und gute Lärmdämmung. Aber auch die Temperaturen und die Barrierefreiheit spielen eine große Rolle. Auch Naturkatastrophen sollten dem Gebäude nichts anhaben, damit der Mensch durch die meisten Umweltbelastungen geschützt ist und angenehm leben kann.

Auch wenn der CO2 Ausstoß von 1990 bis 2018 von 201 Millionen Tonnen auf 120 Millionen Tonnen gesunken ist, ist das Ziel noch lange nicht erreicht. Die gewaltige Menge an Emissionen zwingen dazu, weiterhin verstärkt nachhaltig zu bauen. Das Problem ist, dass viele Gebäude Jahrzehnte genutzt werden und dabei nur rund 12 Prozent der Gebäude gut gedämmt sind. Noch schlimmer ist die Heizung. Wobei zuvor schon erwähnt wurde, dass diese häufig unnötig viel verbrauchen und veraltet sind, werden fast 75 Prozent aller 18 Millionen Gebäude in Deutschland mit Gas oder Öl geheizt. Um ein Green Building zu haben, muss natürlich mit nachhaltigen Energien geheizt werden. Erste Änderungen gibt es bereits und weitere kommen durch den Koalitionsvertrag. Zum Beispiel

---

[12] Vgl. Vornholz, 2017, S.221.

müssen ab dem 1.Januar 2025 erneuerbare Energien 65 Prozent Anteil an der neuen Heizung haben. Auch die Energieeffizients anhand des Vergleichs zu einem Referenzgebäude muss verwirklicht werden. Dabei darf nur 55 Prozent der Primärenergie benötigt werden, die ein Referenzhaus benötigt.[13]

Welche Maßnahmen können also ergriffen werden, um eine Green Building zu verwirklichen. An erster Stelle steht natürlich die Verwendung von erneuerbaren Ressourcen und Energien. Hierbei kommen zum Beispiel Solarzellen in Frage, aber auch das Bepflanzen von Bäumen. Bessere Dämmung verhindert die unnötige Verschwendung von Energie und kann mit Dämmstoffen in Wänden und Böden erreicht werden. Wenn es um nachhaltige Materialien beim Bau geht, können beispielswies Kies, Naturstein aber auch in Deutschland eher Untypische Materialien wie Bambus und Stroh eingesetzt werden. Die Verwendung von recycelten Materialien ist immer ein guter Ansatz, um nachhaltig zu bauen. Hierbei kommt häufig Metall sowie Ton oder Kork zum Einsatz. Ein wesentliches Merkmal eines Green Buildings ist die Begrünung. Durch Pflanzen auf den Balkonen oder auch an den Wänden und vor dem Haus, wird viel CO2 kompensiert und außerdem das Gebäude gekühlt. So ist auch der Natur am Ende geholfen. Beispielsweise kann auch bei einem Flachdach, wie es oft bei Gewerbe Immobilien vorkommt, das Dach begrünt werden.

Dadurch ergeben sich eine Menge Vorteile. Nicht nur der Umwelt und dem Klima sind geholfen, sondern auch den Menschen. Pflanzen und Materialien schaffen eine bessere Luftqualität und so auch einen besseren Lebensstandard. Die Umwelt wird durch erneuerbare Ressourcen und Energien entlastet und auch Kosten werden am Ende vermindert. Dies liegt vor allem daran, dass durch die effiziente Heizung, aber auch durch die Erneuerbare Energieerzeugung kein Öl oder Gas eingekauft werden muss. Aber auch an Stromkosten wird gespart und die effiziente Nutzung des Gebäudes reduziert unnötige Verschwendung. Außerdem kann durch die Erreichung eines Green Building wie zuvor bereits erwähnt, ein höherer Verkaufspreis erzielt werden. Auch die Chancen auf erfolgreiche Vermietung werden gesteigert. Ein weiterer Vorteil ist die leichte Umfunktionierung des Gebäudes ohne Materialverlust, da diese Gebäude meist ein flexibles Design verwenden.[14]

Green Buildings können also die Lösung darstellen, wenn es darum geht, klimaneutral zu werden. Die Zahlen sprechen für sich und da Green Buildings bis zu 60 Prozent weniger

---

[13] Vgl. Barghorn, 2021.
[14] Vgl. Haustec, 2020.

Energie verbrauchen als herkömmliche Gebäude, sollten diese in Zukunft weiter ausgebaut werden. Die Umweltfreundlichkeit und die niedrigen Energiekosten sowie auch eine staatliche Förderung durch Subventionen und Steuern sprechen dafür. Um den klimatischen Auswirkungen entgegenzuwirken, gibt es in der nachhaltigen Immobilienwirtschaft also zwei Wege. Neubauten in Form von Green Buildings inklusive nachhaltiger Infrastruktur oder Anpassung bereits bestehender Gebäude an die heutigen Standards. Nur so können die gewaltigen Treibhausgas Emissionen, die der Immobiliensektor verursacht, vermieden werden. Nach den genannten Vorteilen gibt es aber auch ein paar Nachteile, die ebenfalls genannt werden müssen. Diese sind zwar stark in der Unterzahl, aber bilden doch eine Schattenseite. Zum einen gehört zu einem Green Building ein wesentlich größerer Planungsaufwand. Dies spiegelt sich natürlich auch in den Kosten wieder und müssen jedem Bewusst sein, der ein solches Gebäude errichten will. Zusätzlich wird auch der Komfort eingeschränkt. Nachhaltiges Heizen und auch neue Bauweisen stellen den Nachhaltigkeitsaspekt in den Vordergrund und den Komfort in den Hintergrund. Ein großer Faktor um in der Immobilienwirtschaft nachhaltig zu werden, ist die Anpassung der Städte. Diese gelten als Hitzeinseln und bilden natürlich den größten Energieverbrauch. Ein gutes Beispiel, dass hier auch Nachhaltigkeit erreicht werden kann, zeigt Kopenhagen. Diese Großstadt in Dänemark hat es bereits geschafft den CO2 Ausstoß um 38 Prozent seit 2005 zu senken. Durch weit ausgebaute Fahrradwege und eine Vielzahl an nachhaltigen Gebäuden, ist es möglich in absehbarer Zeit eine Klimaneutrale Stadt zu bilden. Dies soll bereits 2025 der Fall sein und wäre ein Vorbild für den Rest der Welt.[15]

Green Buildings haben ein gewisses Merkmal, dass diese auszeichnet. Die Rede ist von einer Zertifizierung. Durch viele Kriterien, welche bereits genannt wurden und einiger Hürden, kann der Status erreicht und ausgezeichnet werden. Dieser Weg und die unterschiedlichen Zertifikate werden im Folgenden erläutert.

3.1 Zertifizierung

Ein Gebäude kann wie bereits erwähnt, zwischen einem nachhaltigen Gebäude und einem Green Building unterschieden werden. Man kann sowohl nachhaltig leben und Sparmaßnahmen sowie auch Sanierungen vornehmen und auch eine Menge Kriterien eines Green

---

[15] Vgl. Domac, 2022.

Buildings erfüllen. Jedoch zählt ein Gebäude erst offiziell als Green Building, wenn es eine dementsprechende Zertifizierung erhält. Wenn es wie zuvor angeschnitten, eine Auszeichnung haben soll, um den Wert zu steigern oder ansprechender zu wirken, versucht man dieses Label zu erhalten.

Hierbei gibt es verschiedene Zertifizierungssysteme, welche mit Kriterien bewerten und bestimmte Werte auf sozialer Basis sowie auch auf ökonomischer und ökologischer Ebene heranziehen. Diese verschiedenen Green Building Labels sind sowohl auf nationaler, wie auch auf internationaler Ebene anerkannt und bilden die Grundlage, um jedes Gebäude mit dem Green Building Label auszuzeichnen. Einige der Zertifizierungssysteme sind in verschiedenen Ländern jedoch besonders bekannt. Dazu zählt LEED in den USA, BREEAM in Großbritannien und DGNB in Deutschland.[16]

3.1.1 Das BREEAM Label

Mit dem BREEAM System ist das Zertifizierungssystem in Großbritannien das älteste der Welt. Seitdem es 1990 gegründet wurde, arbeitet es mit verschiedenen Kriterien, welche in Kategorien eingeteilt werden. Diese werden bei jedem Gebäude angeschaut und bewertet was genau vorliegt. Dabei wird zuerst einmal noch unterschieden um welche Art der Nutzung es sich handelt. Beispielsweise gibt es Wohngebäude oder Büros. Die Kategorien erstrecken sich von 1 bis 8 und umfassen jeweils einen anderen Bereich. Kategorie 1 bildet das Management im Bau ab. Hierbei enthalten sind alle Faktoren, die beim Bau und in der Planung des Gebäudes zusammenkommen. Kategorie 2 umfasst die Gesundheit mit Health und Welbeeing sowie auch die Behaglichkeit im Gebäude. Kategorie 3 stellt die Energienutzung dar und bewertet den Verbrauch während der Nutzung. Kategorie 4 bewertet die Infrastruktur. Hierbei geht es nicht nur um die Infrastruktur vor dem Gebäude, sondern auch gegebenenfalls im Gebäude selbst. Die nächste Kategorie schaut sich den Wasserbedarf während der Nutzung an und Kategorie 6 die Materialien mit dem Begriff Materials und Waste. Materialien, die verwendet werden, spielen wie zuvor erwähnt hierbei eine Rolle. Kategorie 7 und 8 umfassen einmal die Inanspruchnahme vom Naturraum, um zu erkennen wie viel Platz das Gebäude einnimmt und zweiteres die Pollution, um die Schadstoffemissionen während der Nutzung zu bewerten. Durch viele eingeführte Mindeststandards wie beim Verbrauch von Wasser und Energie werden diese Normen herangezogen und somit ein Zertifikat erstellt oder auch nicht.

---

[16] Vgl. Bauer et al., 2011, S. 162.

Wenn das Gebäude fertiggestellt ist und die Kriterien erfüllt, kann das Zertifikat erstellt und übergeben werden.[17]

3.1.2 Das LEED-System

Das LEED-System ist zwar nicht das älteste, dafür aber das am meist verbreiteste System, um nachhaltige Immobilien zu bewerten. Es wurde 1998 eingeführt und dabei vom U.S. Green Building Council entwickelt. Wie auch beim vorherigen System ist auch diese in verschiedene Kriterien eingeteilt, um so Vergleich und Normen zum Bewerten heranzuziehen. Eine Besonderheit bei dieser Variante ist, dass es eine Vielzahl an Möglichkeiten hat, je nachdem um welche Nutzungsart es handelt, ein Gebäude zu bewerten. Die Variante „New Construction & Major Renovation" kann hierbei für alle Arten angewandt werden. Das Problem ist nur, dass es für manche Gebäude nicht das Ziel erreicht, da verschiedene Anforderungen je nach Nutzung abweichen. Um hier ein Zertifikat zu erhalten, müssen 8 Mindestanforderungen eingehalten werden. Auch dieses Zertifikat wird dann nach Fertigstellung des Gebäudes überreicht. Die Kategorien jedoch unterscheiden sich in manchem Punkten leicht von anderen Zertifizierungssystemen, wobei auch manche Punkte gleich und nur in einer anderen Reihenfolge verwendet werden.
Kategorie 1 umfasst den Standort und den Außenraum. Die nächste wiederum den Wasserverbrauch während der Nutzung und Kategorie 3 direkt den Energieverbrauch während der Nutzung. Eine gleiche Kategorie zum BREEAM Label ist wieder Kategorie 4. Hier geht es um die verwendeten Materialien beim Bau. Kategorie 5 beinhaltet wieder die gesundheitlichen Aspekte um Gebäude und die darauffolgende Innovation im Design Prozess der Immobilie. Die letzte Kategorie bewertet die lokalen Förderungen und umweltrelevante Aspekte.[18]

3.1.3 DGNB-System

Nachdem auch viele ausländische Investoren auf deutschem Boden investieren und Bauen und hier meist die ausländischen Systeme verwendet wurden, wurde durch die Bundesregierung beschlossen ein eigenes System zum Zertifizieren von Green Building zu entwickeln. So haben „Die deutsche Gesellschaft für nachhaltiges Bauen" und das

---

[17] Vgl. Bauer et al., 2011, S. 162.
[18] Vgl. Bauer et al., 2011, S. 164 f.

Bundesministerium für Verkehr, Bau und Stadtentwicklung 2007 das Nachhaltigkeits Label DGNB für Gebäude entwickelt. Die Besonderheit hier war es, Lücken, die in anderen Systemen entstanden waren zu schließen und zusätzliche Kriterien einzuführen. Hier war es die Herausforderung natürlich deutsche Normen und Regelungen zu berücksichtigen und trotzdem aber auch für unterschiedlichste Bauwerke weltweit einzusetzen. Auch hier werden zuvor wieder Zielwerte definiert nach welchem dann mit einer Vielzahl an Kriterien bewertet wird, um zu erkennen, ob das Gebäude nachhaltig ist oder nicht. Ein Nachteil der nicht nur bei der DGNB, sondern auch bei beiden anderen Systemen noch der Fall ist, ist die Tatsache das es zu ökologisch ausgerichtet ist. Ökonomische Aspekte werden hier zu sehr vernachlässigt. Leider sind mit nachhaltigen Labels auch höhere Kosten verbunden, wodurch viele Investoren und Bauherrn abgeschreckt werden, was natürlich auch wieder das Ziel, ein solches Gebäude zu bauen verfehlt. Ein Vorteil, den das DGNB-System unterscheidet, ist das einzelne Kategorien und deren Ergebnisse wesentlich expliziter dargestellt werden können, was zugutekommt, da viele Akteure auf dem Immobilienmarkt häufig unterschiedliche Informationen herauslesen wollen und die so besser dargestellt werden müssen. [19]

DGNB-Zertifizierungen beschränken sich außerdem nicht nur auf einzelne Maßnahmen, sondern auf die Gesamt-Performance des Gebäudes. Auch hier werden wieder viele Kriterien herangezogen, die in unterschiedliche Kategorien unterteilt werden. Anders als bei den anderen Systemen ist, dass die Anzahl wesentlich höher ist und die Überbegriffe für die Kriterien umfassen ein größeres Spektrum. Gebäude können nicht nur zertifiziert werden, sondern auch vorzertifiziert sein. Unterschieden werden zudem unterschiedliche Stufen. Es gibt neben Platin und Gold auch Silber und Bronze. Bronze unterscheidet man nochmal in zwei verschiedene Nutzungen. Dieses Label kann für Bestandsimmobilien oder aber für den alleinigen Betrieb des Gebäudes erreicht werden. Auch wird bei DGNB, wie beiden anderen Systemen unterschieden, um welche Art der Nutzung es sich handelt. Dabei kann es sich um einen Neubau, Bestand, Sanierung oder um den Gebäudebetrieb handeln. Zu den Überkategorien zählen dabei folgende. Es gibt neben den Kategorien, die auf die eben genannten Nutzungen angewendet werden, auch Kriterien für den Rückbau eines Gebäudes und für den Ablauf auf Baustellen. Im Vergleich zu den anderen Systemen handelt es sich bei der DGNB um ein sogenanntes System der zweiten

---

[19] Vgl. Gondring/Wagner, 2013, S. 315.

Generation, da es auf eine ganzheitliche Betrachtung des gesamten Lebenszyklus eines Gebäudes spezialisiert ist.

Wie läuft also der Weg zum Zertifikat ab? Neben dem Bauprojekt läuft alles Parallel. Ein Auditor, der das gesamte Projekt begleitet und von Anfang bis Ende unterstützt wird herangezogen und beauftragt den Prozess messbar zu machen, um am Ende zertifizieren zu können. Dabei begleitet er nicht nur bei der Planung, sondern auch beim Bauprozess und dokumentiert hierbei alles. Nachdem das Projekt am Ende abgeschlossen ist, werden sämtliche Dokumente bei der DGNB eingereicht und geprüft. Nach erfolgreicher Prüfung wird dann das Zertifikat überreicht.[20]

3.2 Ausblick in der Immobilienwirtschaft

Zusammenfassend ist zu sagen, dass eine Nachhaltigkeit in der Immobilienwirtschaft auf jedenfalls vermehrt angegangen werden muss. Nachdem vor einigen Jahren noch ein Klimawandel diskutiert wurde, ist bereits schon lange klar, dass dieser existiert. Wobei in vielen Bereichen und Branchen alles getan wird um nachhaltiger zu werden, wird dies in der Immobilienwirtschaft nur verlangsamt vorangetrieben. Energieausweise, neue Regeln, Sparmaßnahmen und Zertifikate helfen zwar eine gewisse Nachhaltigkeit zu schaffen, allerdings macht der Immobiliensektor noch immer einen großen Teil des Verbrauchs aus und muss so verstärkt beeinflusst werden, um auch das restliche Potential auszunutzen.

40 Prozent des gesamten Energieverbrauchs geht für das Heizen in Immobilien verloren. 80 Prozent der Energie des Gebäudes wird für Raumwärme verbraucht. 50 Prozent aller Ressourcen, vor allem Wasser, Stahl und Engie werden im Bausektor in Anspruch genommen und 60 Prozent aller Abfälle entstehen hier.[21]

Und nicht nur Ökologische Faktoren spielen in dieser Nachhaltigkeit eine Rolle. Es muss vermehrt versucht werden, einen gesundheitlich nachhaltigen Wohnraum zu schaffen. Ein Gebäude im grünen oder bestimmte Materialien sowie auch die Umgebung spielen eine wichtige Rolle für soziale Faktoren. Natürlich darf auch der ökonomische Faktor nicht aus den Augen gelassen werden, aber der soziale Faktor beeinflusst eine Menge,

---

[20] Vgl. DGNB GmbH, 2022.
[21] Vgl. Preuß, 2013, S. 108.

wenn es um den Wohlfühlfaktor oder gesundheitliche Probleme geht. Am Ende spielt die Gesamtheit aller Maßnahmen eine Rolle. Vor allem in der heutigen Zeit machen Einsparmaßnahmen und neue Gesetze durch die Regierung vermehrt den Weg frei, nachhaltiger zu leben und in Zukunft möglicherweise vermehrt nachhaltig zu bauen. Nachdem der Immobiliensektor das größte Potential hat Energie einzusparen, sollte hier auch vermehrt daraufgesetzt werden. Häufig ist es nicht einmal schwer kleinere Sparmaßnahmen zu ergreifen, jedoch kommt es vermutlich am Ende auf die Regierung an, dieses Thema genauer zu regeln. Klar ist, dass Green Building und Zertifikate, aber auch Sparmaßnahmen bereits eine gute Grundlage sind und in Zukunft die Tür für eine Menge an nachhaltigen Maßnahmen in der Immobilienwirtschaft freimachen werden.

Literaturverzeichnis

Barghorn, Leonie, Utopia (2021): Green Building: So funktioniert ökologisches Bauen, Online: https://utopia.de/ratgeber/green-building-so-funktioniert-oekologisches-bauen/ (Zugriff: 06.11.2022)

Bauer, Michael/ Hausladen, Gerhard/ Hegger, Manfred/ Hegner/Hans-Dieter/ Lützkendorf, Thomas/ Radermacher, F.J/ Sedlbauer, Klaus/ Sobek, Werner/ DIN e.V. (2011): Nachhaltiges Bauen: Zukunftsfähige Konzepte für Planer und Entscheider (E-Book). Ausgabe 1, Beuth Verlag, https://ebookcentral.fham.de/lib/iunworld-ebooks/detail.action?docID=2031607&query=Nachhaltiges+Bauen%3A+Zukunftsf%C3%A4hige+Konzepte+f%C3%BCr+Planer+und+Entscheider (Zugriff: 01.11.2022)

Bombös, Lothar, Dämmen lohnt sich (2022): Energieausweis Wofür braucht man einen Energieausweis?, Online: https://daemmen-lohnt-sich.de/energiesparen/rechtliche-vorgaben-bei-der-daemmung/energieausweise?utm_source=bing&utm_medium=cpc&utm_campaign=T%20-%20ERW%20-%20Energieausweis&utm_term=%2Benergieverordnung&utm_content=enev%20energieeinsparverordnung%20%5BMB%5D (Zugriff: 05.11.2022)

DGNB (2022): Der Weg zum Zertifikat, Online: https://www.dgnb-system.de/de/zertifizierung/weg-zum-zertifikat/ (Zugriff: 11.11.2022)

Die Bundesregierung (2022): Weitere Energiesparmaßnahmen, Online: https://www.bundesregierung.de/breg-de/themen/klimaschutz/energiesparmassnahmen-2078224 (Zugriff: 04.11.2022)

Domac, Maja, PlanRadar (2022): Green Building – rettet nachhaltiges Bauen die Welt, Online: https://www.planradar.com/de/green-building/ (Zugriff: 10.11.2022)

EnBW (2022): Energieeffizienz bei Immobilien, Online: https://www.enbw.com/energie-entdecken/gesellschaft/energieeffizienz-bei-immobilien/ (Zugriff: 02.11.2022)

Gondring, Hans Peter/ Wagner, Thomas (2013): Facility Management: Handbuch für Studium und Praxis (E-Book). Ausgabe 2, Franz Vahlen, https://ebookcentral.fham.de/lib/iunworld-ebooks/detail.action?docID=1128172&query=DGNB (Zugriff: 12.11.2022)

Haustec (2020): Green Building, Online: https://www.haustec.de/fachbegriffe/green-building (Zugriff: 05.11.2022)

Preuß, Norbert (2013): Projektmanagement Von Immobilienprojekten: Entscheidungsorientierte Methoden Für Organisation, Termine, Kosten und Qualität (E-Book). Ausgabe 2, Springer Berlin/Heidelberg, https://ebookcentral.fham.de/lib/iunworld-e-books/detail.action?docID=1398728&query=DGNB (Zugriff: 13.11.2022)

Rottke, Nico/ Thomas, Matthias (2017): Immobilienwirtschaftslehre Management (E-Book). Springer Fachmedien Wiesbaden GmbH, https://ebookcentral.fham.de/lib/iunworld-ebooks/reader.action?docID=5050574&query=immobilienzyklus (Zugriff: 07.11.2022)

Schweizer, Oliver, EY (2020): Warum die Immobilienbranche viel nachhaltiger denken muss, Online: https://www.ey.com/de_de/real-estate-hospitality-construction/warum-die-immobilienbranche-viel-nachhaltiger-denken-muss (Zugriff: 02.11.2022)

Vornholz, Günter (2017): Entwicklungen und Megatrends der Immobilienwirtschaft (E-Book). Ausgabe 3, Walter de Gruyter GmbH, https://ebookcentral.fham.de/lib/iunworld-ebooks/reader.action?docID=4947072&query=nachhaltigkeit+immobilien (Zugriff: 05.11.2022)